STUDIENGRUPPE FÜR SYSTEMFORSCHUNG E.V. Heidelberg
Bericht Nr. 96

Lothar Czayka

DIE BEDEUTUNG DER GRAPHENTHEORIE FÜR DIE FORSCHUNGSPLANUNG

2. überarbeitete Auflage

VERLAG DOKUMENTATION, MÜNCHEN-PULLACH
und BERLIN 1971

G l i e d e r u n g

(1.0) Vorbemerkungen

Die zunehmende wirtschaftliche und gesellschaftliche Bedeutung forschungspolitischer Entscheidungen und die zunehmende Kostspieligkeit von Forschung und Entwicklung erfordern eine zunehmende Rationalisierung dieser Entscheidungen.

Ein Ansatzpunkt für die Rationalisierung von Entscheidungen ist die Verbesserung der Information der Entscheider über mögliche Zielsetzungen, Zielkonflikte und Realisierungsalternativen, also über die normativen und die kognitiven Entscheidungsgrundlagen.

Die mathematische Theorie der kombinatorischen Graphen, von deren Anwendung auf Probleme der Forschungsplanung in diesem Aufsatz die Rede sein soll, kann einen Beitrag zur Darstellung und kalkulatorischen Auswertung von Informationen leisten, die bestimmte formale Voraussetzungen erfüllen; sie kann diese Informationen jedoch selbst nicht erzeugen.

Auf dem Gebiet der Forschungsplanung ist die Graphentheorie bisher auf die Probleme (1) der Bewertung und optimalen Auswahl von Projekten und (2) der Planung und Kontrolle der Durchführung eines Projekts in dem Sinne 'angewendet' worden, daß zur formalen Lösung dieser Probleme geeignete graphentheoretische Konzepte ausgewählt oder ausgearbeitet wurden, deren inhaltliche Ausfüllung als relativ unproblematisch vorausgesetzt wurde.

Bei dem Versuch der Anwendung der formalen Konzepte auf konkrete Planungsprobleme zeigt es sich jedoch immer wieder, daß gerade bei der inhaltlichen Ausfüllung dieser Konzepte große Schwierigkeiten auftreten. Deshalb werden wir uns nicht nur auf die Beschreibung der graphentheoretischen Planungskonzepte beschränken, sondern insbesondere auch die Datenbeschaffungsprobleme erörtern.

(2.0) Graphentheorie und Projektbewertung

Das forschungsstrategische Problem der Bewertung und optimalen Auswahl von Projekten für ein FE-Programm entsteht, wenn auf Grund einer bestimmten Zielsetzung[1] ein bestimmtes vorgegebenes oder erst zu identifizierendes komplexes FE-Gebiet gefördert werden soll.

Entscheidungsprobleme dieses Typs stellen sich den verschiedenen für FE-Entscheidungen zuständigen Gremien des Staates, der Wirtschaft und der Wissenschaft auf unterschiedlichem Niveau bezüglich der Komplexität der Zielsetzungen bzw. der entsprechenden Problembereiche.

Die Vorbereitung einer rationalen Lösung dieser forschungsstrategischen Entscheidungsprobleme erfordert u.a. eine sukzessiv konkretisierende, exhaustive Aufgliederung des relevanten Problembereichs zum Zwecke

1) einer systematischen Identifizierung aller relevanten potentiellen Projekte (= FE-Lücken)

2) einer systematischen Aufdeckung von Dependenz-, Komplementaritäts-, Disjunktions- und Exklusionsbeziehungen zwischen den Elementen des relevanten Problembereichs

3) einer möglichst weitgehenden Reduktion der normativen Entscheidungskomponenten und einer möglichst weitgehenden Ausdehnung der kognitiven Entscheidungsgrundlagen.

---

1) Wir sprechen hier der Einfachheit halber nur von einer Zielsetzung. Natürlich können es auch mehrere sein, die jedoch - wenn sie miteinander verträglich sind - formal immer unter ein 'Dach' gebracht werden können.

Die Verwendung von baumförmigen[1] gerichteten Graphen zur Darstellung und kalkulatorischen Auswertung der Struktur komplexer FE-Gebiete zum Zwecke der Projektbewertung ist in der Theorie der Forschungsplanung unter der Bezeichnung 'Relevanzbaum-Ansatz' bekannt geworden.

Der Relevanzbaum-Ansatz bildet die Grundlage einer ganzen Reihe von Planungskonzepten wie z.B. PATTERN, SCORE, PPBS oder PROFILE.

(2.1) Die logische Struktur der Projektbewertung unter Verwendung eines Relevanzbaums

Das PATTERN-System[2] bildete die Abstraktionsgrundlage für die folgende Skizze der logischen Struktur der Projektbewertung mit Hilfe eines Relevanzbaums.

1. Schritt: Konstruktion des Relevanzbaums.

a) Das der komplexen Zielsetzung Z entsprechende komplexe Realisierungsproblem[3] P_Z^o wird unter Verwendung der asymmetrischen Beziehung der direkten Relevanz Rel_d ('die Lösung des Problems P_Z^i ist von direkter Relevanz für die Lösung des Problems P_Z^j')[4] in eine hierarchisch

---

1) Genaugenommen handelt es sich nur um zyklenfreie gerichtete Graphen, die man jedoch auch baumförmig darstellen kann.

2) ESCH, Maurice E., Planning Assistence Through Technical Evaluation of Relevance Numbers, Proceedings of the 17th National Aerospace Electronics Conference, 1965, S.346-351

3) Jede Zielsetzung beinhaltet einen gewünschten Zustand und den Imperativ, das Problem der Herstellung dieses Zustands zu lösen.

4) 'Problem P_Z^i ist ein direktes Unterproblem des Problems P_Z^j' ist eine äquivalente Formulierung dieser Beziehung.

strukturierte Menge von möglichst gut abgegrenzten Unterproblemen mit abnehmender Komplexität P_Z^1, P_Z^2,...,P_Z^n aufgegliedert.

Die Problem-Menge $P_Z = \{P_Z^o, P_Z^1, P_Z^2,\ldots,P_Z^n\}$ und die Beziehung der direkten Relevanz Rel_d bilden zusammen das der Zielsetzung Z zugeordnete Relevanz-System $S_Z = (P_Z, Rel_d)$.

b) Das Relevanz-System $S_Z = (P_Z, Rel_d)$ wird auf einen zyklenfreien gerichteten Graphen $G(S_Z)$ mit der Mündung P_Z^o und einer m-Ebenen-Ordnung[1] abgebildet, der als '<u>Relevanzbaum</u>' bezeichnet wird.

Auf den Seiten 5 und 6 sind an Hand eines formalen Beispiels zwei äquivalente diagrammatische Darstellungsmöglichkeiten[2] für einen Relevanzgraphen angegeben: die <u>Netzform</u> und die <u>Baumform</u>[3].

---

1) m wird durch die Länge der längsten im Relevanzbaum enthaltenen Relevanz-Kette bestimmt.

2) Der diagrammatischen Darstellung eines Relevanzbaums sind natürlich ziemlich enge Grenzen gesetzt, was aber kein Grund für eine Beschränkung des Systems ist. Denn die kalkulatorische Auswertung eines Relevanz-Systems durch EDV beginnt ja erst dort interessant zu werden, wo eine diagrammatische Darstellung nicht mehr möglich ist.

3) Die Netzform und die Baumform unterscheiden sich nur dadurch, daß in der Netzform jeder Punkt des Graphen eine von den Bezeichnungen aller anderen Punkte verschiedene Bezeichnung hat, während in der Baumform mehrere Punkte dieselbe Bezeichnung haben können. Das bedeutet, daß bei einer informationsäquivalenten Transformation eines Netzgraphen in einen Baumgraphen nur die Anzahl der Punkte um eine bestimmte Zahl erhöht werden muß.

Fig. 1

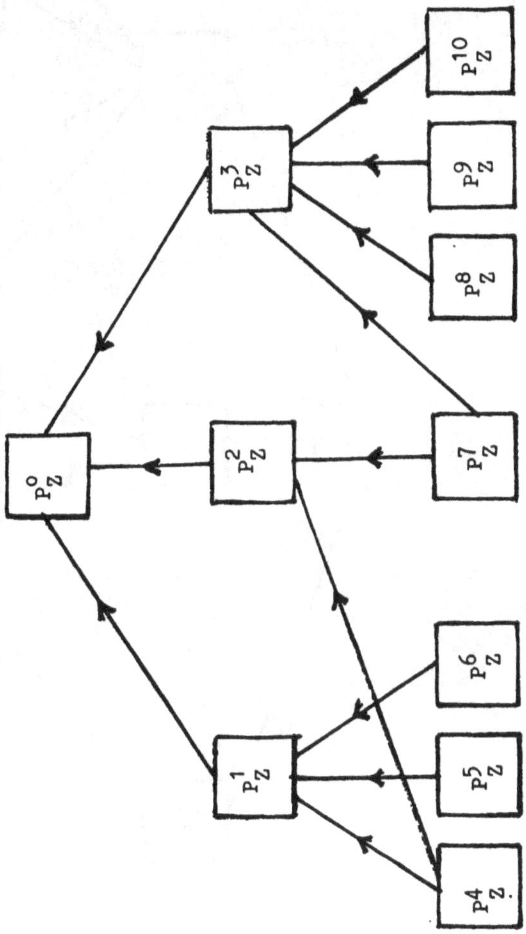

Fig. 2

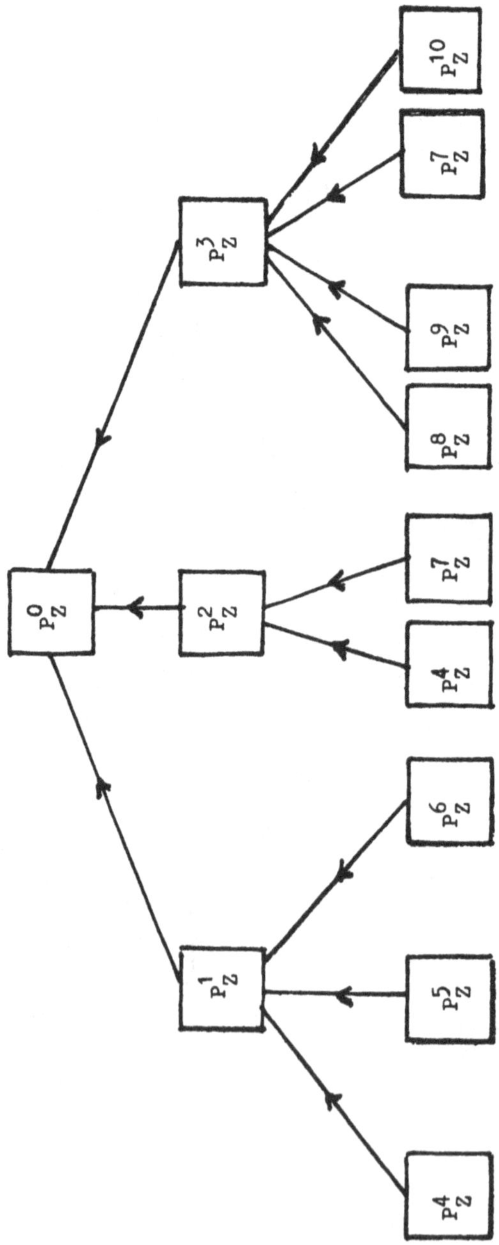

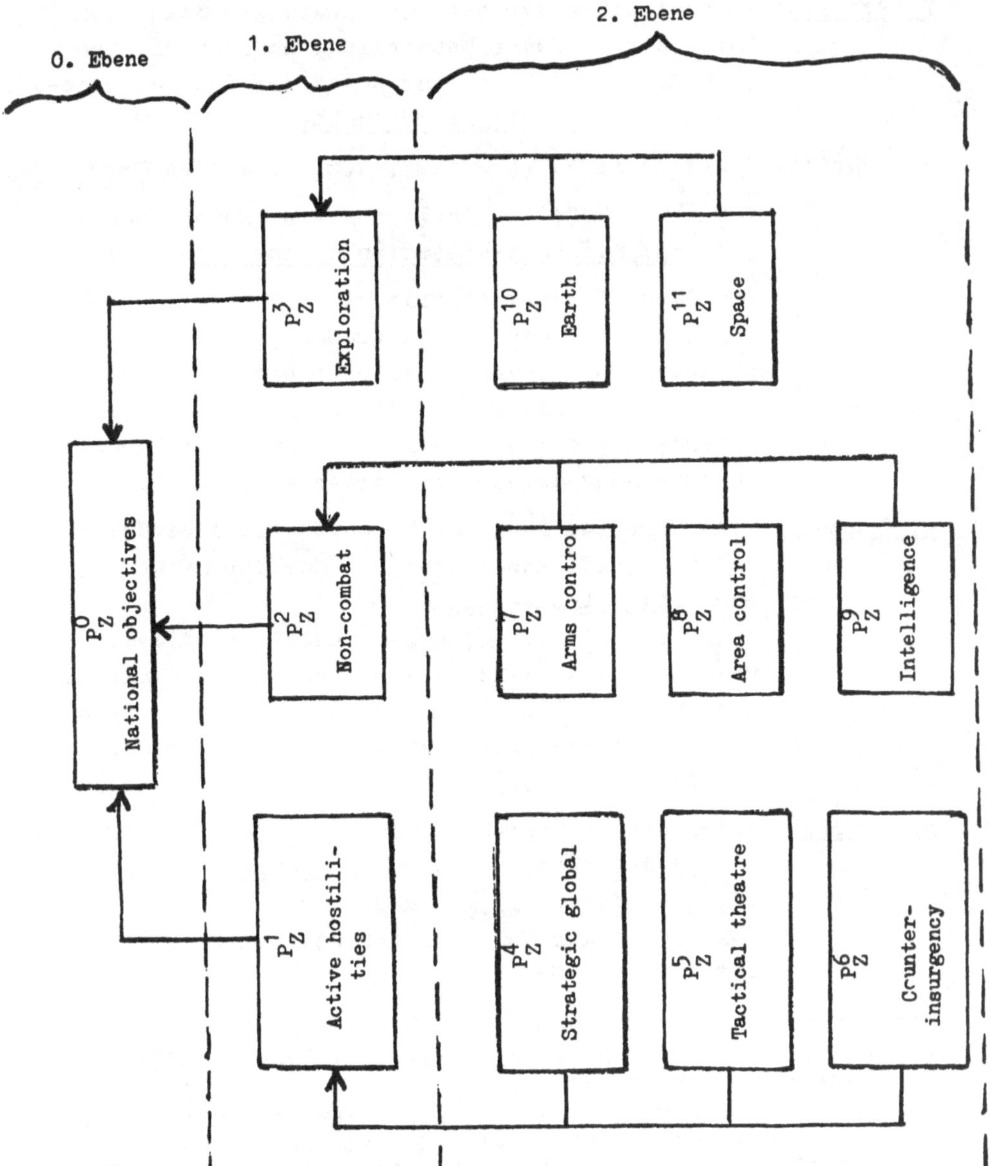

Fig. 3

In diesem Schaubild sind die drei obersten Ebenen des Relevanzbaums für Verteidigung und Raumfahrt von Honeywell dargestellt. (Entnommen aus: ESCH, Maurice E., "Planning Assistence Through Technical Evaluation of Relevance Numbers", Proceedings of the 17th National Aerospace Electronics Conference, 1965, S. 354)

2. Schritt: Kennzeichnung der beim gegenwärtigen Stand von Forschung und/oder Entwicklung noch ungelösten Probleme auf der untersten[1] Ebene des Relevanzbaums als 'potentielle Projekte'.

3. Schritt: Jeder Ebene E_j ($j = 1,2,...,m$) wird eine Menge $S_j = \{S_{j1}, S_{j2}, ..., S_{jn_i}\}$ von geeigneten unabhängigen Signifikanz-Kriterien zugeordnet.

Ein Signifikanz-Kriterium gilt als für eine bestimmte Ebene des Relevanzbaums geeignet, wenn zwischen der Lösung eines beliebigen Problems dieser Ebene und dem Signifikanz-Kriterium ein zumindest grobquantitativ abschätzbarer Kausalzusammenhang angenommen werden kann.

4. Schritt: Jedem Problem $P_Z^{ij^*}$ der Ebene E_{j^*} wird bezüglich jedes Signifikanz-Kriteriums aus der Menge S_{j^*} eine Signifikanz-Zahl[2]
s_{ij^*k} ($k = 1,2,...,j^*n_{j^*}$) zugeordnet, die die jeweilige 'Intensität' des Kausalzusammenhangs andeuten soll. (Die Summe der Signifikanz-Zahlen wird bezüglich jeder Problem-'Familie' einer Ebene auf 1 genormt.)

5. Schritt: Jedem Signifikanz-Kriterium S_{j^*k} ($k = 1,2,..., j^*n_{j^*}$) der Ebene E_{j^*} wird ein normativer Gewichtungsfaktor g_{j^*k} zugeordnet.
(Die Summe der Gewichtungsfaktoren einer Ebene ist 1.)

---

1) Die 'unterste' Ebene ist diejenige, die von der Mündung P_Z^0 am weitesten entfernt ist.

2) Die im PATTERN-Konzept geforderte Stochastifizierung der Signifikanz-Zahlen halten wir für eine formalistische Spielerei, weil hier eine empirische Bestimmung der Wahrscheinlichkeiten im allgemeinen nicht möglich ist.

<u>6. Schritt</u>: Jedem Problem P_Z^{i*j*} der Ebene E_{j*} wird die Summe seiner mit den entsprechenden Gewichtungsfaktoren multiplizierten Signifikanz-Zahlen als <u>horizontale Relevanz-Zahl</u> zugeordnet:

$$r_{i*j*} = \sum_{k=1}^{j*n_{j*}} s_{i*j*k} \cdot g_{j*k}$$

<u>7. Schritt</u>: Jedem Problem - und insbesondere jedem potentiellen Projekt - wird eine <u>Gesamtrelevanz-Zahl</u> zugeordnet, die man erhält, indem man für jede Relevanz-Kette, die von dem betreffenden Problem zur Mündung des Relevanzbaums führt, das Produkt aller in ihr enthaltenen horizontalen Relevanz-Zahlen bildet und diese Produkte addiert[1].

(2.2) Möglichkeiten zur Verfeinerung der Relevanzbaum-Struktur

Die im vorangegangenen Abschnitt skizzierte Relevanzbaum-Struktur kann formal verfeinert werden, wenn bestimmte Beziehungen zwischen den direkten Unterproblemen eines Oberproblems berücksichtigt werden.

Eine solche Beziehung ist z.B. die <u>Komplementarität</u>, die jeweils zwischen all denjenigen direkten Unterproblemen

---

1) In den meisten Fällen wird von einem Problem nur eine Relevanz-Kette zur Mündung des Baums führen. Eine wichtige Aufgabe der Relevanz-Analyse ist jedoch u.a. die Identifizierung insbesondere solcher Probleme bzw. Projekte, von denen mehrere Relevanz-Ketten zur Mündung des Relevanzbaums führen.

eines Oberproblems besteht, von denen man weiß oder annimmt, daß ihre Lösungen zusammen jeweils gerade eine bestimmte Lösung des Oberproblems ergeben.

Fernerhin kann man von der Erfahrung ausgehen, daß es für ein Problem im allgemeinen mehrere Lösungsmöglichkeiten gibt, die entweder in einem disjunktiven[1] oder in einem kontravalenten[2] Verhältnis stehen können, aber nicht überschneidungsfrei sein müssen.

Diese Beziehungen können im Relevanzbaum-Diagramm durch bestimmte graphische Markierungen dargestellt werden.

Dabei muß man jedoch mit der Komplementaritätsbeziehung beginnen. In Fig. 3 auf S. 7 sind z.B. jeweils alle in Bezug auf eine bestimmte Lösung des Problems P_0 komplementären Unterprobleme in derselben graphischen Weise gekennzeichnet.

Um die Disjunktions- und die Kontravalenzbeziehung darzustellen, kann man so vorgehen, daß man erstens die obengenannten komplementären Problemkomplexe jeweils als eine 'Lösungseinheit' betrachtet, zweitens alle diejenigen dieser Lösungseinheiten, die zu allen anderen disjunktiv sind, in einer bestimmten einheitlichen Weise graphisch markiert und drittens alle Kontravalenz gruppen dieser Lösungseinheiten ebenfalls jeweils einheitlich in einer anderen Weise graphisch kennzeichnet (s. Fig. 4 auf S. 11).

---

1) Die aussagenlogische Disjunktionsbeziehung entspricht dem nicht-ausschließenden ODER (ODER/UND) der Umgangssprache.

2) Die aussagenlogische Kontravalenzbeziehung entspricht dem ausschließenden ODER (ENTWEDER-ODER) der Umgangssprache.

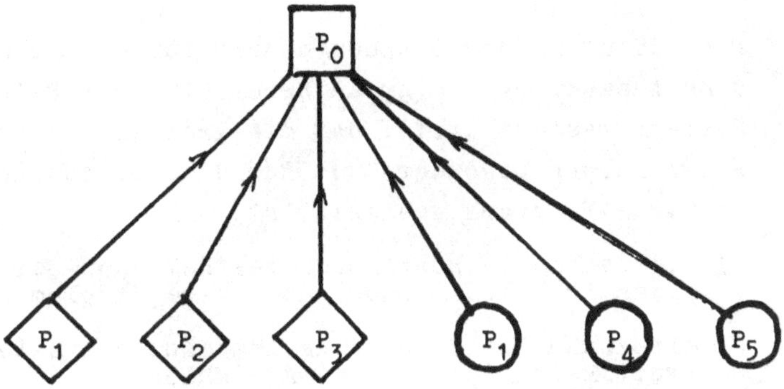
P0
P1
P2
P3
P1
P4
P5

Fig. 4

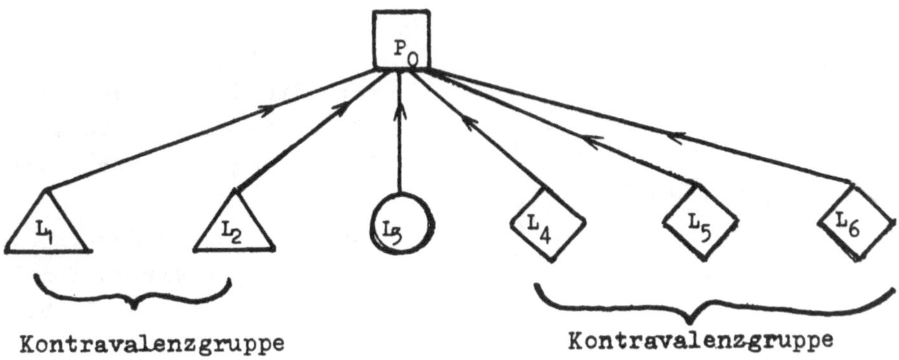
P0
L1
L2
L3
L4
L5
L6
Kontravalenzgruppe
Kontravalenzgruppe

Fig. 5

(2.3) Der kalkulatorische Beitrag der Graphentheorie im Rahmen des Relevanzbaum-Ansatzes

Die Bedeutung der Graphentheorie für die kalkulatorische Auswertung großer unübersichtlicher Relevanz-Systeme besteht darin, daß die graphentheoretische Formulierung besonders gut für die Übersetzung in ein Computer-Programm geeignet ist, das

1) eine schnelle Bestimmung des Relevanz-Bereichs für jedes im Relevanzbaum enthaltene Problem

2) eine schnelle Berechnung insbesondere aller (vertikalen) Gesamtrelevanz-Zahlen

3) eine schnelle Bestimmung der Auswirkungen bestimmter Änderungen in der Struktur des Relevanzbaums oder/und im Bewertungssystem

erlaubt.

Den Ausgangspunkt für die graphentheoretisch-kalkulatorische Auswertung eines Relevanz-Systems bildet die <u>Matrix der direkten Relevanzen</u>:

$$R_d = \left\| r^d_{ij} \right\|^{1)} \quad (i,j=1,2,\dots,n)$$

$$r^d_{ij} = \begin{cases} 1 & \text{wenn die Lösung des Problems } P^i_Z \text{ von direkter Relevanz für die Lösung des Problems } P^j_Z \text{ ist} \\ 0 & \text{wenn die Lösung des Problems } P^i_Z \text{ nicht von direkter Relevanz für die Lösung des Problems } P^j_Z \text{ ist} \end{cases}$$

Aus den Zeilen und Spalten dieser Matrix können die direkten Relevanz- und Kontrarelevanz-Bereiche aller

---

1) Der Einfachheit halber verwenden wir hier wiederum den Buchstaben r.

im Relevanzbaum enthaltenen Probleme abgelesen werden. Die den 1-Elementen in der i-ten Zeile entsprechenden Probleme bilden den <u>direkten Relevanz-Bereich</u> des Problems P_Z^i; die den 1-Elementen in der i-ten Spalte entsprechenden Probleme bilden den <u>direkten Kontrarelevanz-Bereich</u>[1] des Problems P_Z^i.

Auf S. 14 ist die Matrix der direkten Relevanzen für den auf S. 7 dargestellten Relevanzbaum angegeben.

Aus der Matrix der direkten Relevanzen R_d kann über die Entwicklung der Potenzfolge R_d, R_d^2, R_d^3, ..., R_d^m, durch die gewisse Informationen über alle im Relevanzbaum enthaltenen Relevanz-Ketten erzeugt werden, die <u>Matrix der (direkten und indirekten) Relevanzen</u> bestimmt werden:

$$R = \left\| r_{ij} \right\| \qquad (i,j=1,2,\ldots,n)$$

$$r_{ij} = \begin{cases} 1 & \text{wenn vom Problem } P_Z^i \text{ mindestens eine Relevanz-Kette zum Problem } P_Z^j \text{ führt} \\ 0 & \text{wenn vom Problem } P_Z^i \text{ keine Relevanz-Kette zum Problem } P_Z^j \text{ führt} \end{cases}$$

Aus den Zeilen und Spalten dieser Matrix können die totalen Relevanz- und Kontrarelevanz-Bereiche aller im Relevanzbaum enthaltenen Probleme abgelesen werden. Die den 1-Elementen in der i-ten Zeile entsprechenden Probleme bilden den totalen <u>Relevanz-Bereich</u> des Pro-

1) Der direkte Kontrarelevanz-Bereich enthält alle direkten Unterprobleme eines Problemes.

	P_Z^0	P_Z^1	P_Z^2	P_Z^3	P_Z^4	P_Z^5	P_Z^6	P_Z^7	P_Z^8	P_Z^9	P_Z^{10}	P_Z^{11}
P_Z^0	-	0	0	0	0	0	0	0	0	0	0	0
P_Z^1	①	-	0	0	0	0	0	0	0	0	0	0
P_Z^2	①	0	-	0	0	0	0	0	0	0	0	0
P_Z^3	①	0	0	-	0	0	0	0	0	0	0	0
P_Z^4	0	①	0	0	-	0	0	0	0	0	0	0
P_Z^5	0	①	0	0	0	-	0	0	0	0	0	0
P_Z^6	0	①	0	0	0	0	-	0	0	0	0	0
P_Z^7	0	0	①	0	0	0	0	-	0	0	0	0
P_Z^8	0	0	①	0	0	0	0	0	-	0	0	0
P_Z^9	0	0	①	0	0	0	0	0	0	-	0	0
P_Z^{10}	0	0	0	①	0	0	0	0	0	0	-	0
P_Z^{11}	0	0	0	①	0	0	0	0	0	0	0	-

blems P_Z^i; die den 1-Elementen in der i-ten Spalte entsprechenden Probleme bilden den <u>totalen Kontrarelevanz-Bereich</u> des Problems P_Z^i.

Auf S. 15 ist die Matrix der Relevanzen für den auf S. 7 dargestellten Relevanzbaum angegeben.

	P_Z^0	P_Z^1	P_Z^2	P_Z^3	P_Z^4	P_Z^5	P_Z^6	P_Z^7	P_Z^8	P_Z^9	P_Z^{10}	P_Z^{11}
P_Z^0	-	0	0	0	0	0	0	0	0	0	0	0
P_Z^1	①	-	0	0	0	0	0	0	0	0	0	0
P_Z^2	①	0	-	0	0	0	0	0	0	0	0	0
P_Z^3	①	0	0	-	0	0	0	0	0	0	0	0
P_Z^4	①	①	0	0	-	0	0	0	0	0	0	0
P_Z^5	①	①	0	0	0	-	0	0	0	0	0	0
P_Z^6	①	①	0	0	0	0	-	0	0	0	0	0
P_Z^7	①	0	①	0	0	0	0	-	0	0	0	0
P_Z^8	①	0	①	0	0	0	0	0	-	0	0	0
P_Z^9	①	0	①	0	0	0	0	0	0	-	0	0
P_Z^{10}	①	0	0	①	0	0	0	0	0	0	-	0
P_Z^{11}	①	0	0	①	0	0	0	0	0	0	0	-

Nach der Berechnung der horizontalen Relevanz-Zahlen (s. S. 9) können mit Hilfe der Potenz-Folge R_d, R_d^2, R_d^3, ..., R_d^m auch alle (vertikalen) Gesamtrelevanz-Zahlen in einem Computer-Lauf schnell bestimmt werden.

(2.4.0) Die Problematik der Datenbeschaffung

(2.4.1) Relevanzbaum

Im Relevanzbaum soll - der Idee nach - der für die jeweilige Zielsetzung relevante Problembereich 'vollständig'[1] und möglichst 'gleichmäßig'[2] aufgegliedert[3] sein.
In der Literatur wird bezüglich der Konstruktion eines konkreten Relevanzbaums im allgemeinen einfach auf Experten verwiesen, die sich dabei u.a. der Methoden des technological forecasting und der sogenannten morphologischen Methode bedienen sollen.

Damit werden die eigentlich schwierigen <u>inhaltlichen Probleme</u> der Relevanzbaum-Konstruktion übergangen und darüberhinaus der Eindruck erweckt, daß es prinzipiell möglich sei, jeder Zielsetzung - vielleicht sogar auf deduktivem Wege- eindeutig einen wertfreien Relevanzbaum zuzuordnen.
Tatsächlich ist die Relevanzbaum-Konstruktion jedoch weder eindeutig noch wertfrei und schon gar nicht deduktiv möglich, weil die Relevanzbeziehung keineswegs intersubjektiv exakt entscheidbar ist.
Die Relevanzbaum-Konstruktion setzt zwar - insbesondere auf den unteren Ebenen des Baums - Expertenwissen voraus. Sie ist jedoch keineswegs eindeutig und damit wertfrei möglich, denn selbst Experten

---

1) 'vollständig' kann natürlich immer nur 'vollständig im Hinblick auf eine Bezugsmenge' bedeuten.

2) 'gleichmäßig bedeutet, daß erstens alle Probleme einer Ebene annähernd denselben Komplexitätsgrad haben sollen und zweitens jede von der Mündung des Baums ausgehende Kontrarelevanz-Kette bis zur untersten Ebene geführt werden kann.

3) Tatsächlich bedeutet die Aufstellung eines 'Relevanzbaums' nichts anderes als die Entwicklung einer Gliederung für eine wissenschaftliche Arbeit zu einem bestimmten Thema.
Diese Gliederung wird eigentlich erst nach der Zuordnung der Relevanz-Zahlen zu den verschiedenen Gliederungspunkten zu einem 'Relevanzbaum'.

haben bestimmte Interessen, die wegen der Vagheit der Relevanzbeziehung bei der horizontalen Gliederung auf den verschiedenen Ebenen des Baums insbesondere dann relativ unkontrollierbar Eingang finden können, wenn implizite Gliederungsprinzipien nicht explizit gemacht werden oder wenn die horizontale Gliederung mehr oder weniger unsystematisch erfolgt.

Da nun aber selbst in einer Expertengruppe im allgemeinen keine vollständige Interessenharmonie zu erwarten ist, sollte es nicht verwunderlich sein, wenn erstens eine bestimmte Expertengruppe viel Zeit braucht, um zu einem Konsensus über die Relevanz des einen oder anderen Problems im Rahmen eines Relevanzbaums zu kommen, und wenn zweitens verschiedene Expertengruppen verschiedene Relevanzbäume für einunddieselbe Zielsetzung präsentieren.

Das gilt natürlich in verstärktem Maße, wenn an der Relevanzbaum-Konstruktion, wie es in einer demokratischen Gesellschaft der Fall sein sollte, nicht nur das Entscheider-Gremium und Experten, sondern auch die direkt oder indirekt betroffene Öffentlichkeit beteiligt ist.

In jedem Falle gilt es dann, allen an der Relevanzbaum-Konstruktion Beteiligten klar zu machen, daß die Interessen-Konflikte zum Zwecke einer Rationalisierung der Entscheidung in einer geregelten, zielgerichteten Diskussion[1)] möglichst offenzulegen, auf ihren Kern zu reduzieren und für die später erfolgende explizite Bewertung des Relevanzbaums aufzusparen sind, aber nicht zu einer unkontrollierbaren a-priori-Beschränkung des Relevanzbaums führen dürfen.

---

1) Vgl. dazu H. KRAUCH, "Forschungsplanung", Vortrag, gehalten im Rahmen von 'Systems 69' in München, S.16-19

Für das methodische Vorgehen folgt aus der Vagheit der Relevanzbeziehung, daß die Relevanzbaum-Konstruktion - selbst für Experten - nur ein <u>mehrstufiger, rückgekoppelter Suchprozeß</u>[1] sein kann, der natürlich irgendwann abgebrochen werden muß (siehe Blockschaltbild auf Seite 19).

Das in der PATTERN-Literatur angegebene 8-Ebenen-Schema[2] - National Objectives, National Activities, Forms of Activity, Missions, Tasks, Primary Systems, Secondary Systems, Functional Subsystems - kann wegen der extremen Abstraktheit der verwendeten Begriffe - wenn überhaupt - nur als ganz grober Leitfaden betrachtet werden.

Selbst in schon relativ gut bearbeiteten, relativ homogenen und begrenzten FE-Bereichen wird es nicht so leicht sein, mit nur einem Klassifizierungsprinzip pro Ebene auszukommen. Das ist jedoch für die Bewertung des Baums auch nicht erforderlich; für diese ist nur wichtig, daß die Probleme einer Ebene annähernd denselben Komplexitätsgrad haben - eine Forderung, die natürlich auch nicht exakt erfüllbar ist - und daß der Baum möglichst gleichmäßig bis auf die unterste Ebene heruntergezogen wird[3].

---

1) Aus diesem Grunde empfehlen sich für die diagrammatische Darstellung von Relevanzbäumen z.B. Magnet-Tafeln, auf denen alle Elemente leicht bewegbar sind.

2) JANTSCH, E., Technological Forecasting in Perspective, OECD, 1966, S.233

3) Die Probleme der Relevanzbaum-Konstruktion komplizieren sich natürlich noch mehr,wenn der Versuch gemacht wird, von den unter (2.2) genannten Verfeinerungsmöglichkeiten Gebrauch zu machen. Denn die Begriffe der 'Komplementarität von Unterproblemen in Bezug auf eine Lösung des Oberproblems' und der 'Disjunktivität' oder 'Exklusivität lösungskomplementärer Problemkomplexe' sind ebenso wie die Relevanzbeziehung keineswegs exakt entscheidbar.

Fig. 6

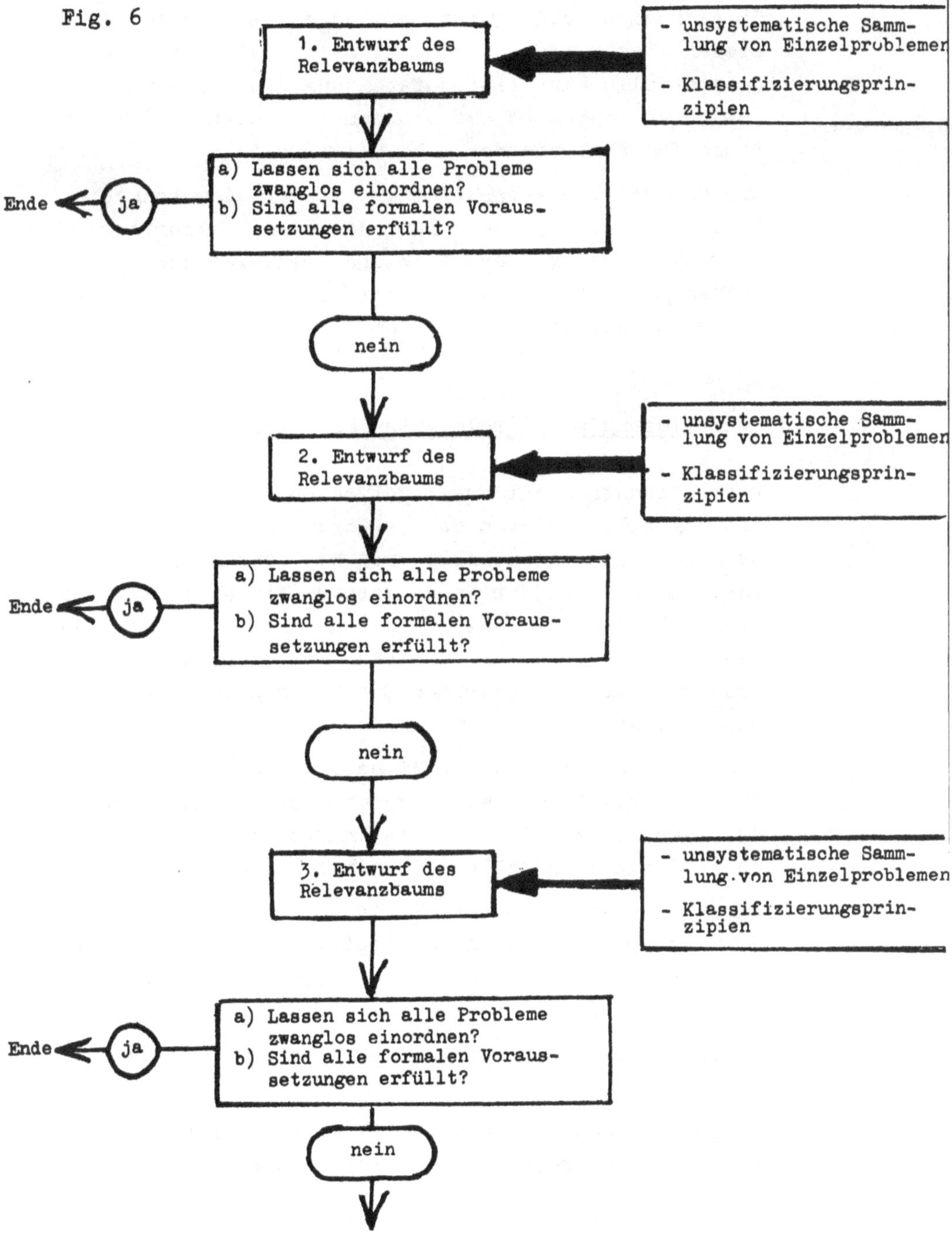
1. Entwurf des Relevanzbaums
- unsystematische Sammlung von Einzelproblemen
- Klassifizierungsprinzipien
a) Lassen sich alle Probleme zwanglos einordnen?
b) Sind alle formalen Voraussetzungen erfüllt?
Ende
ja
nein
2. Entwurf des Relevanzbaums
- unsystematische Sammlung von Einzelproblemen
- Klassifizierungsprinzipien
a) Lassen sich alle Probleme zwanglos einordnen?
b) Sind alle formalen Voraussetzungen erfüllt?
Ende
ja
nein
3. Entwurf des Relevanzbaums
- unsystematische Sammlung von Einzelproblemen
- Klassifizierungsprinzipien
a) Lassen sich alle Probleme zwanglos einordnen?
b) Sind alle formalen Voraussetzungen erfüllt?
Ende
ja
nein

Ob sich diese Bedingungen für jeden FE-Bereich realisieren lassen, läßt sich a priori nicht sagen. Gegebenenfalls kann eine Aufspaltung des Baums in Teilbäume oder auch das Studium vorliegender Relevanzbäume für ähnliche Bereiche weiterhelfen.

Die Relevanzbaum-Konstruktion ist in jedem konkreten Fall ein schöpferischer Akt, der umso schwieriger sein wird, je umfangreicher und komplexer das relevante FE-Gebiet und je stärker die auftretenden Interessenkonflikte sein werden.

(2.4.2) Formulierung aller relevanten Projekte

Die systematische Identifikation und präzise Formulierung aller relevanten FE-Lücken und ihre Kennzeichnung als potentielle Projekte oder Projekt-Elemente wird in der Relevanzbaum-Literatur wiederum nicht als Problem behandelt, sondern es wird vorausgesetzt, daß schon alle relevanten potentiellen FE-Projekte auf der untersten Ebene des Relevanzbaums plaziert sind.

Das ist aber wiederum nicht so verwunderlich, denn auf die Fragen, was ein 'Projekt' sei und wie man zu einer Liste aller relevanten Projekte komme, gibt es wiederum keine allgemeinverbindliche Antwort.

Allgemein läßt sich allenfalls sagen, daß ein 'Projekt-Problem' nicht allzu komplex sein sollte, weil andernfalls nur sehr oberflächliche Ergebnisse zu erwarten sind.

Dieser Planungsschritt ist weitgehend die Sache der Experten.

Um jedoch auch hier die Möglichkeiten für eine 'Vorbewertung' durch eine unkontrollierbare a-priori-

Beschränkung des Relevanzbaums zu reduzieren, sollte die Interessenstruktur der Expertengruppe möglichst inhomogen sein.

(2.4.3) Die Auswahl der Signifikanz-Kriterien und die Bestimmung der Signifikanz-Zahlen

Für jede Ebene des Relevanzbaums unabhängige Kriterien zu finden, deren Zusammenhnag mit den Lösungen der Probleme der jeweiligen Ebene durch bewährte quantitative Theorien oder zumindest hinreichend starke statistische Korrelationen gesichert sein sollte, ist der am schwersten zu erfüllende Datenanspruch des PATTERN-Konzepts.

Die Schwierigkeiten sind hier einerseits schon deswegen von prinzipieller Natur, weil der Kausalfaktor in mehr oder weniger ungewissen Ergebnissen mehr oder weniger unbestimmter Forschungsaktivitäten besteht, und sie werden dadurch potenziert, daß es sich andererseits bei den für die oberen Ebenen des Relevanzbaums 'interessanten' Kriterien im allgemeinen um äußerst komplexe Phänomene - wie etwa 'wirtschaftlicher Wohlstand', 'nationale Sicherheit' oder 'sozialer Fortschritt' - handeln wird.

Bewährte quantitative[1] Theorien oder auch nur ausrei-

---

1) Das heutzutage in den Sozialwissenschaften oft zu beobachtende unreflektierte Quantifizierungsstreben scheint häufig auf der Nichtunterscheidung zwischen Exaktheit und formalem Ausdrucksreichtum zu beruhen.

Der grundsätzliche Vorteil einer quantitativen gegenüber einer nicht-quantitativen Skala besteht darin, daß sie formal ausdrucksreicher und rechentechnisch leichter zu handhaben ist als eine nicht-quantitative Skala. Das bedeutet jedoch keineswegs, daß die Exaktheit der logischen und insbesondere der empirischen Wahrheitsbedingungen für quantitative Aussagen prinzipiell größer als die Exaktheit der logischen und empirischen Wahrheitsbedingungen nicht-quantitativer Aussagen sein müßte. So können beispielsweise die empirischen Wahrheitsbedingungen für Sätze von der Form 'x ist warm' und 'x ist kalt' mit Hilfe der Kenntnis der verschiedenen Aggregatzustände etwa des Wassers ebenso präzis gemacht werden wie

chendes statistisches Extrapolationsmaterial - beispielsweise für die quantitative Abschätzung der ökonomischen Auswirkungen der wissenschaftlichen Bearbeitung eines bestimmten technologischen Problemkomplexes im Vergleich zu den ökonomischen Auswirkungen der wissenschaftlichen Bearbeitung bestimmter anderer technologischer Problemkomplexe - werden nur äußerst selten vorliegen.
Deswegen sollte man nicht versuchen, den objektiven Schein zu wahren und dem übersteigerten Datenanspruch mit Gewalt gerecht zu werden, indem man in Klausur arbeitende 'Experten' irgendwelche unkontrollierbaren Signifikanz-Zahlen hervorzaubern läßt, die im Falle des Fehlens theoretischer oder statistischer Grundlagen nur ein Ausdruck der Interessen- und Machtstruktur innerhalb der 'Experten'-Gruppe sein würden. An der Auswahl der Signifikanz-Kriterien und der Bestimmung der Signifikanz-Zahlen sollten vielmehr von vornherein neben den 'Experten ' auch das Entscheider-Gremium und - im Sinne einer verstärkten demokratischen Legitimation forschungspolitischer Entscheidungen - in irgendeiner Form auch die Öffentlichkeit beteiligt werden, und man sollte sich darüber im klaren sein, daß auch die 'Experten'-Urteile - zumindest bezüglich der oberen

---

zu 1)
die Wahrheitsbedingungen für die Temperaturmessung mit Hilfe der Wärmeausdehnungsgesetze etwa des Quecksilbers. Eine unbedingte und generelle Quantifizierungsempfehlung wäre nur dann sinnvoll, wenn für die Anwendung quantitativer und nicht-quantitativer Skalen dieselben empirischen Voraussetzungen gelten würden. Das ist nun aber gerade nicht der Fall, denn die Anwendung einer quantitativen Skala erfordert zumindest andersartige empirische Erkenntnisse als die Anwendung einer nicht-quantitativen Skala.

Deswegen sollten bei der Auswahl der Skalentypen (nominal, ordinal oder quantitativ) im Rahmen der Entwicklung eines Bewertungsverfahrens nicht in erster Linie rechentechnische Gesichtspunkte, sondern das Vorliegen einer intersubjektiven Meßvorschrift bzw. psychometrischer Tests eine Rolle spielen.

Ebenen eines Relevanzbaums - im allgemeinen nur intuitiven Charakter haben werden.
Auf den unteren Ebenen des Relevanzbaums dagegen sind die Chancen für eine objektive Abschätzung quantitativer Signifikanzen wegen des geringeren Abstraktheitsgrades der Bewertungsobjekte und der Bewertungskriterien (wissenschaftlich-methodische und organisatorisch-technische Gesichtspunkte) etwas günstiger, so daß hier auch von Experten-Urteilen mehr erwartet werden kann.

(2.4.4) Bestimmung der normativen Gewichtungsfaktoren für die Signifikanz-Zahlen

Der Idee nach sollen alle in die Planung eingehenden normativen Elemente auf die Kriterienauswahl und auf diesen Planungsschritt beschränkt sein.

In Wirklichkeit ist es jedoch - worauf wir schon hingewiesen haben - nicht möglich, alle anderen Planungsschritte wertfrei zu halten.

Im übrigen ist es fraglich, ob der auch hier wieder - wohl hauptsächlich aus rechentechnischen Gründen - gewählte quantitative Skalentyp nicht zu hohe Anforderungen an das Urteilsvermögen stellt.

(2.4.5) Die skeptischen Äußerungen über die Quantifizierung eines Relevanzbaums sollten nur dazu dienen, die diesbezüglichen Erwartungen auf ein realistisches Maß zu reduzieren, um Frustrationen zu vermeiden, die bei Praktikern nur allzu leicht zu einer Ablehnung des gesamten Instrumentariums führen können.
Wenn auch die Quantifizierung mit großer Skepsis betrachtet werden muß, so bleiben doch zumindest die folgenden Vorteile der Aufstellung eines Relevanzbaums erhalten:

a) der Zwang zu einem intensiven a-priori-Durchdenken des relevanten Problembereichs
b) die Erleichterung der Identifizierung von Schlüsselproblemen

c) die Erleichterung der Bewertung durch eine mehr oder weniger weitgehende Konkretisierung der Bewertungsobjekte

d) die Erleichterung der Koordination bei Arbeitsteilung

e) die Förderung der Kommunikation.

(3.0) Graphentheorie und Projektplanung

Wenn das Problem der optimalen Projektauswahl - der Aufstellung eines optimalen FE-Programms - gelöst ist, entsteht das forschungstaktische Problem der Planung der Durchführung der ausgewählten FE-Projekte.

Unter 'Planung' verstehen wir dabei die gedankliche Konzipierung eines FE-Prozesses für die Lösung eines bestimmten FE-Problems.

Da das Moment der unvollkommenen Information bei der Lösung von FE-Problemen ex definitione eine besonders große Rolle spielt (s. Tab. 1 auf S. 25), ist die Planung hier besonders schwierig[1].

Dennoch hat man bald versucht, die ersten Varianten der Netzplantechnik - wie PERT und CPM -, die zunächst nur für die Planung praktischer Gestaltungsprobleme (ohne FE-Elemente) entwickelt wurden, auch für die Planung von FE-Projekten nutzbar zu machen.

Dieser Versuch erbrachte jedoch auch bald einige Ansätze zu einer Verallgemeinerung der Netzplantechnik im Hinblick auf eine Berücksichtigung der besonderen Unsicherheitsprobleme bei der Planung von FE-Projekten, insbesondere der für FE-Problem-Lösungen typischen trial-and-error-Prozesse und Alternativlösungen.

---

1) Diese Tatsache gab gelegentlich zu der Auffassung Anlaß, daß die Planung von FE-Projekten überhaupt nicht möglich sei.

Tab. 1

Methoden \ Ergebnisse	Die Bearbeitung des Problems kann nur ein Ergebnis haben (entweder aus logischen Gründen oder auf Grund einer Entscheidung). Das Ergebnis selbst ist a priori nicht bekannt, wohl aber seine methodische Bedeutung für die Lösung anderer Probleme.	Die Bearbeitung des Problems kann aus logischen Gründen nur ein Ergebnis haben. Dieses Ergebnis wird einer von n a priori bekannten Möglichkeiten entsprechen.	Die Bearbeitung des Problems kann mehrere Ergebnisse haben, wobei weder die Anzahl noch die möglichen Ergebnisse - wohl aber ihre methodische Bedeutung - a priori bekannt sind.
Es gilt als sicher, daß das Problem gelöst wird (entweder durch Anwendung einer bewährten Lösungsmethode oder durch Entscheidung).	Problem-Typ 1 z.B. lösbare kalkulatorische Probleme mit eindeutiger Lösung oder auch Definitionsprobleme	Problem-Typ 2 z.B. Anwendung eines bewährten Tests auf einen speziellen Fall	Problem-Typ 3 z.B. Entwicklung von Definitionsvorschlägen
Eine bewährte Lösungsmethode ist nicht bekannt, und durch Entscheidung kann das Problem nicht gelöst werden. Es liegt jedoch mindestens ein Lösungsansatz vor. Falls mehrere vorliegen, sollen sie getrennt weiterentwickelt werden.	Problem-Typ 4 z.B. Entwicklung eines wirtschaftlichen Elektromobils durch getrennte Weiterentwicklung der vorliegenden Konzeptionen	Problem-Typ 5 z.B. Prognose der tendenziellen Konjunkturentwicklung in einer bestimmten Volkswirtschaft in einem bestimmten Zeitraum	Problem-Typ 6 z.B. Erforschung der Ursachen der Krebskrankheit durch getrennte Weiterentwicklung der vorliegenden Hypothesen
Zur Verfügung stehen nur die allgemeine wissenschaftliche Methodologie und das allgemeine Potential an gesichertem Wissen.	Problem-Typ 7 z.B. Entwicklung eines FE-Planungskonzepts durch eine Synthese der vorliegenden Ansätze	Problem-Typ 8 z.B. Untersuchung, ob ein Kausalzusammenhang zwischen den Faktoren x und y besteht	Problem-Typ 9 z.B. Entwicklung von Theorien zur Erklärung einer statistischen Korrelation zwischen bestimmten Variablen

(3.1) Das einfache PERT-Netzwerk

Bei der Konstruktion eines einfachen PERT-Netzwerks geht man folgendermaßen vor:

1.Schritt: Das dem Projektziel entsprechende komplexe Realisierungsproblem P wird auf Grund einer bewährten Lösungsmethode in eine Menge Λ von Aktivitäten[1] $A_1, A_2, \ldots, A_n$ und/oder eine Menge E von Ereignissen $E_1, E_2, \ldots, E_m$, die jeweils der Lösung bestimmter Teilprobleme entsprechen, zerlegt[2].

2.Schritt: Auf Grund bestimmter kausaler oder logischer Abhängigkeiten wird eine komparative

---

1) Das bedeutet, daß das PERT-Netzwerk auf Grund bestimmter Vorentscheidungen bezüglich der zur Lösung der Teilprobleme anzuwendenden Methoden konstruiert wird.

2) Da jeder Aktivität ein-eindeutig ihr geplantes Ergebnis als Ereignis und jedem Ereignis ein-eindeutig seine Herbeiführung als Aktivität zugeordnet werden kann, ist auch die Konstruktion reiner Aktivitäten-Netzwerke und reiner Ereignis-Netzwerke möglich.

Inhaltlich betrachtet, sind die folgenden Fälle möglich:

a) Vorgegeben ist nur eine Aktivitäten-Aufgliederung für ein Projekt. In diesem Fall kann man entweder ein reines Aktivitäten-Netzwerk oder ein Aktivitäten-Ereignis-Netzwerk konstruieren, in dem die Ereignis-Punkte jedoch nur eine diagrammatisch-formale Aktivitätenabgrenzungsfunktion haben.

b) Vorgegeben ist eine Ereignis-Aufgliederung für ein Projekt. In diesem Fall ist es ohne weiteres nur sinnvoll ein reines Ereignis-Netzwerk zu konstruieren. Die Ereignis-Aufgliederung kann jedoch andererseits auch nur als ein erster Aufgliederungsschritt betrachtet werden, der eine Grundlage für eine folgende Aktivitäten-Aufgliederung bildet, die wiederum auch die anderen beiden Darstellungsformen ermöglicht.

Zeitordnung[1] für die Aktivitäten ('Aktivität A_i muß unmittelbar vor Aktivität A_j ausgeführt werden') und/oder die Ereignisse ('Ereignis E_i muß unmittelbar vor Ereignis E_j eintreten') festgelegt.

3.Schritt: Jeder Aktivität (bzw. der Herbeiführung jedes Ereignisses) werden bestimmte stochastische Parameter - wie z.B. Zeitaufwand und Kosten - zugeordnet.

4.Schritt: Die komparativ-zeitlich geordnete Menge der Aktivitäten und/oder Ereignisse wird als ein zyklenfreier gerichteter Graph interpretiert, wobei die folgenden Fälle unterschieden werden müssen.

Aktivitäten-Netzwerk: a) Die Aktivitäten werden als die Punkte[2] des Graphen interpretiert. b) Muß eine Aktivität A_i auf Grund der festgelegten Zeitordnung unmittelbar vor einer Aktivität A_j ausgeführt werden, so wird ein Pfeil[2] von A_i nach A_j eingeführt.

Ereignis-Netzwerk: a) Die Ereignisse werden als die Punkte des Graphen interpretiert.

---

1) Da die im folgenden in den Klammern angegebenen Beziehungen zwar irreflexiv und asymmetrisch, aber in unserem Anwendungsgebiet im allgemeinen nicht konnex sind, wird es sich im allgemeinen streng genommen nur um eine sogen. Halbordnung handeln (s.Anhang), d.h., die Anzahl der komparativen Zeitstufen wird im allgemeinen kleiner als die Anzahl der Aktivitäten bzw. Ereignisse sein.

2) Statt der häufig verwendeten Knoten-Kanten-Terminologie benutzen wir hier die Punkt-Pfeil-Terminologie.

b) Muß unmittelbar nach dem Ereignis E_i eine Aktivität A_k ausgeführt werden, deren Ergebnis unmittelbar in das Ereignis E_j eingeht, so wird ein Pfeil von E_i nach E_j eingeführt, der die Aktivität A_k repräsentiert (s. Fig.7 S. 29).

Für die diagrammatische Darstellung des Graphen gibt es wieder - wie schon im Fall des Relevanz-Graphen - zwei informationsäquivalente Möglichkeiten, nämlich die Netzform und die Baumform (vgl. Fußnote 3 ,S.4).

Ein einfaches PERT-Netzwerk bildet u.a. eine Grundlage für

- die Identifizierung des sogen. <u>kritischen Weges</u>, durch den die wahrscheinliche Mindestdauer des Projekts und die für die Einhaltung dieser Mindestdauer <u>kritischen Aktivitäten</u> (bzw. Ereignisse) bestimmt werden[1]
- die Bestimmung der <u>zeitlichen Toleranz</u> für die Ausführung einer Aktivität (bzw. den Eintritt eines Ereignisses)
- die Bestimmung der zeitlichen Verteilung des erforderlichen finanziellen und realen Inputs.

(3.2.0) Die Verallgemeinerung des einfachen PERT-Netzwerks

(3.2.1) Das FE-Netzwerk von Eisner

Während im einfachen PERT-Netzwerk, das auf die Planung bereits weitgehend bekannter Prozesse zugeschnitten ist, alle Punkte und Pfeile durchlaufen (alle Ereignisse ein-

---

1) Hier spielt wieder die auf den Seiten 12-15 angedeutete Matrizen-Algebra eine Rolle.

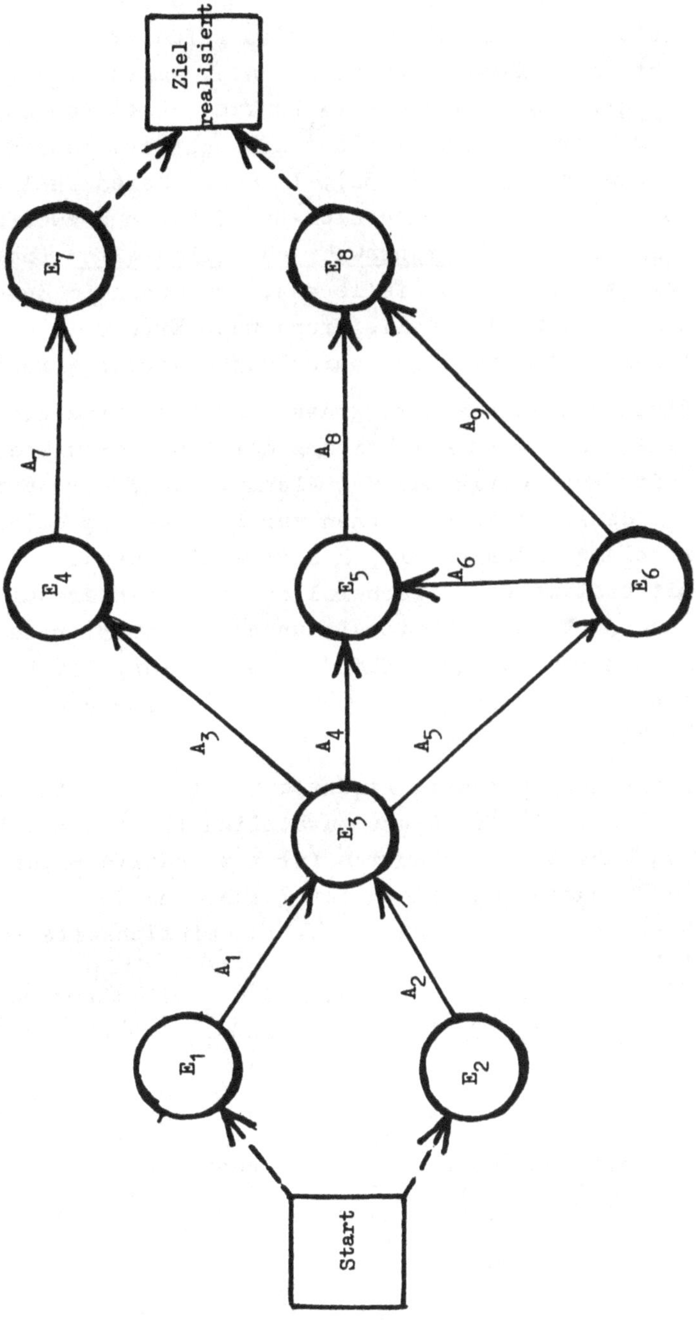
Ziel
realisiert
E_7
E_8
A_7
A_8
A_9
E_4
E_5
A_6
E_6
A_3
A_4
A_5
E_3
A_1
A_2
E_1
E_2
Start

Fig. 7

treten und alle Aktivitäten ausgeführt) werden sollen, gibt es im Eisner-Netzwerk[1] u.a. sogen. '<u>decision boxes</u>'. Das sind Ereignis-Punkte, deren Ausgangspfeile in mehrere kontravalente[2] Konjunktionsklassen zerfallen (s. Fig.8, S. 32). Im einfachsten Fall gehen von einem solchen decision-box-Punkt nur zwei mit bestimmten <u>Realisierungswahrscheinlichkeiten</u> (Summe 1) belegte exklusive Pfeile aus, von denen im Zuge der sukzessiven Planrealisierung nach Erreichen des decision-box-Punktes nur einer durchlaufen werden wird[3].

Diese Verallgemeinerung des PERT-Netzwerks bedeutet eine erste Berücksichtigung der besonderen Unsicherheitsproblematik bei der Planung von FE-Projekten. Die decision boxes können zur Darstellung solcher Teilprobleme eines FE-Projekts verwendet werden, für die mit bestimmten Wahrscheinlichkeiten mehrere alternative (= kontravalente) Lösungen - mit unterschiedlichen Konsequenzen für die Fortführung des Projekts - a priori als möglich erscheinen (Spalte 2 unserer Problem-Typologie).

Das Eisner-Netzwerk bildet eine Grundlage für alle PERT-Kalkulationen und zusätzlich für die Bestimmung von Wahrscheinlichkeiten für alternative Ergebnisse des Gesamt-Projekts (unter Verwendung der Graphen-Matrizen-Algebra und der Wahrscheinlichkeitsrechnung.

---

1) EISNER, H., "A generalized network approach to the planning and scheduling of a research projekt", in: Operations Research, Vol.10 (1962), S.115-125

2) s. Anhang.

3) Die Charakterisierung eines konjunktiven Punktausgangs als 'deterministisch' und eines kontravalenten Ausgangs als 'stochastisch' halten wir für nicht zweckmäßig. Diese Prädikate sollten nur auf Netzwerke insgesamt angewendet werden.

(3.2.2) Das Elmaghraby-Netzwerk

Eine weitere Verallgemeinerung des Eisner-Netzwerks erfolgte durch Elmaghraby[1], jedoch nicht nur im Hinblick auf die Planung von FE-Projekten.

Im Elmaghraby-Netzwerk werden die in Tab.2 (S.32) angegebenen sechs Typen von Ereignis-Punkten[2] unterschieden.

Darüberhinaus sind im Elmaghraby-Netzwerk mehrere gleichgerichtete Aktivitäten-Pfeile zwischen zwei Ereignis-Punkten und auch ein- und mehrgliedrige Zyklen zugelassen. Letzteres ist jedoch nur eine Eigenart der Darstellung[3].

Jedem Aktivitäten-Pfeil wird wie im Ansatz schon bei Eisner neben den PERT-Parametern (Zeit, Kosten etc.) eine Realisierungswahrscheinlichkeit zugeordnet.

Ein Elmaghraby-Netzwerk bildet wiederum eine Grundlage für alle PERT-Kalkulationen und zusätzlich für die Bestimmung von Wahrscheinlichkeiten für alternative Ergebnisse des Gesamt-Projekts, die in diesem Falle

---

1) ELMAGHRABY, S.E., "An algebra for the analysis of generalized activity networks", in: Management Science, Vol. 10 (1964), S.494-514

2) Elmaghraby spricht statt von 'Ereignissen' von 'Zuständen des Systems'.

3) Ein endlicher n-maliger Kreislauf durch einen Zyklus (als Darstellungsform für trial-and-error-Prozesse) kann durch Einführung einer entsprechenden Anzahl neuer Ereignis- oder Aktivitäten-Punkte immer 'linearisiert' werden.

Fig. 8

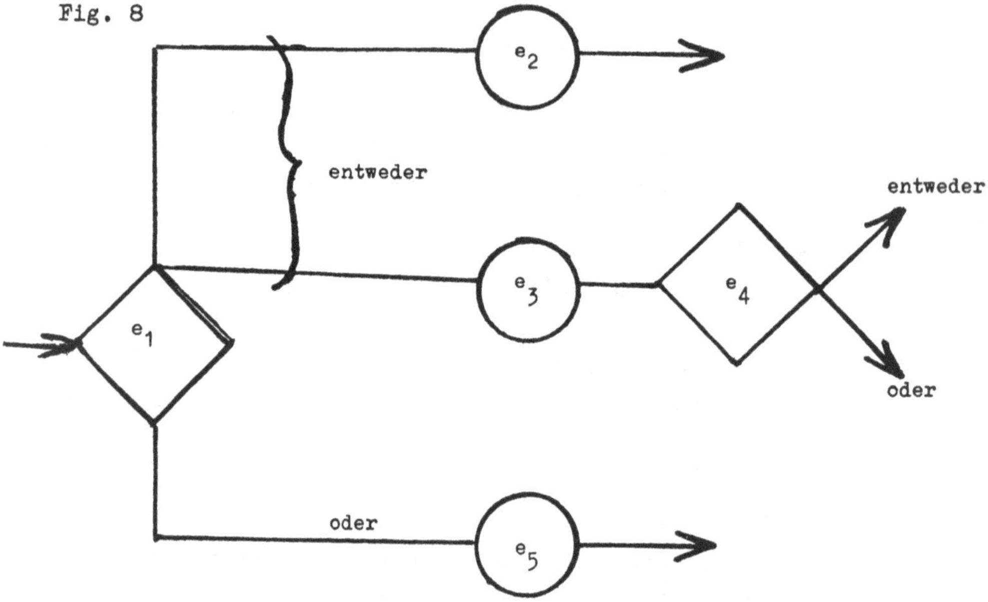

e_1 und e_4 sind 'decision box' - Ereignisse

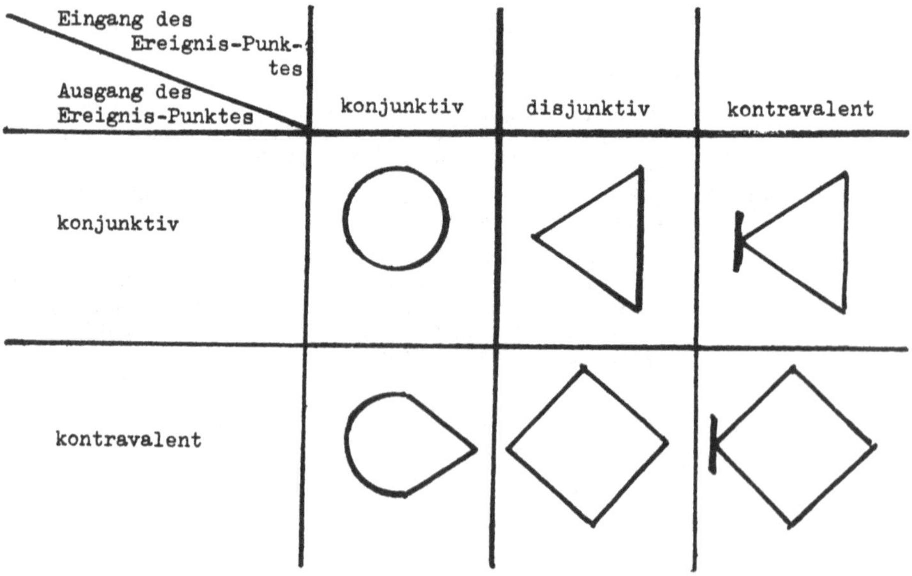

Tab. 2

wegen der sehr verfeinerten Netzwerkstruktur natürlich komplizierter als bei Eisner ist.

(3.2.3) GERT von Prittsker und Happ

Dem von Prittsker und Happ[1] entwickelten Verfahren GERT (Graphical Evaluation and Review Technique) liegt ein Elmaghraby-Netzwerk zugrunde. Das Verfahren stellt also in dieser Beziehung keine weitere Verallgemeinerung von PERT dar, sondern bietet nur eine verfeinerte Wahrscheinlichkeitsalgebra.

(3.2.4) Einige weitere Verallgemeinerungen der Netzwerkstruktur im Hinblick auf die Planung von FE-Projekten

Zunächst kann die Ereignis-Punkte-Typologie von Elmaghraby noch konbinatorisch vervollständigt werden, indem man auch Ereignis-Punkte mit disjunktiven Ausgängen einführt (S. Tab.3, S.34).

Eine Grundlage für eine entscheidendere Verallgemeinerung der Netzwerkstruktur bilden jedoch einerseits unsere oben entwickelte Problem-Typologie (S.) und andererseits die Überlegung, daß die Eingangsseite eines Netzwerkpunktes nicht unbedingt - wie bei Eisner und Elmaghraby - einen logisch einheitlichen Charakter haben muß, daß sie also nicht rein konjunktiv, disjunktiv oder rein kontravalent sein muß, sondern daß die Eingangspfeile eines Punktes prinzipiell in eine konjunktive, eine disjunktive und eine kontravalente Klasse zerfallen können.

---

1) PRITTSKER, A.A.B., und HAPP, W.W., "GERT: Graphical Evaluation and Review Technique. Part I. Fundamentals", in: The Journal of Industrial Engineering, Vol 17 (1966), S.267-274

Tab. 3

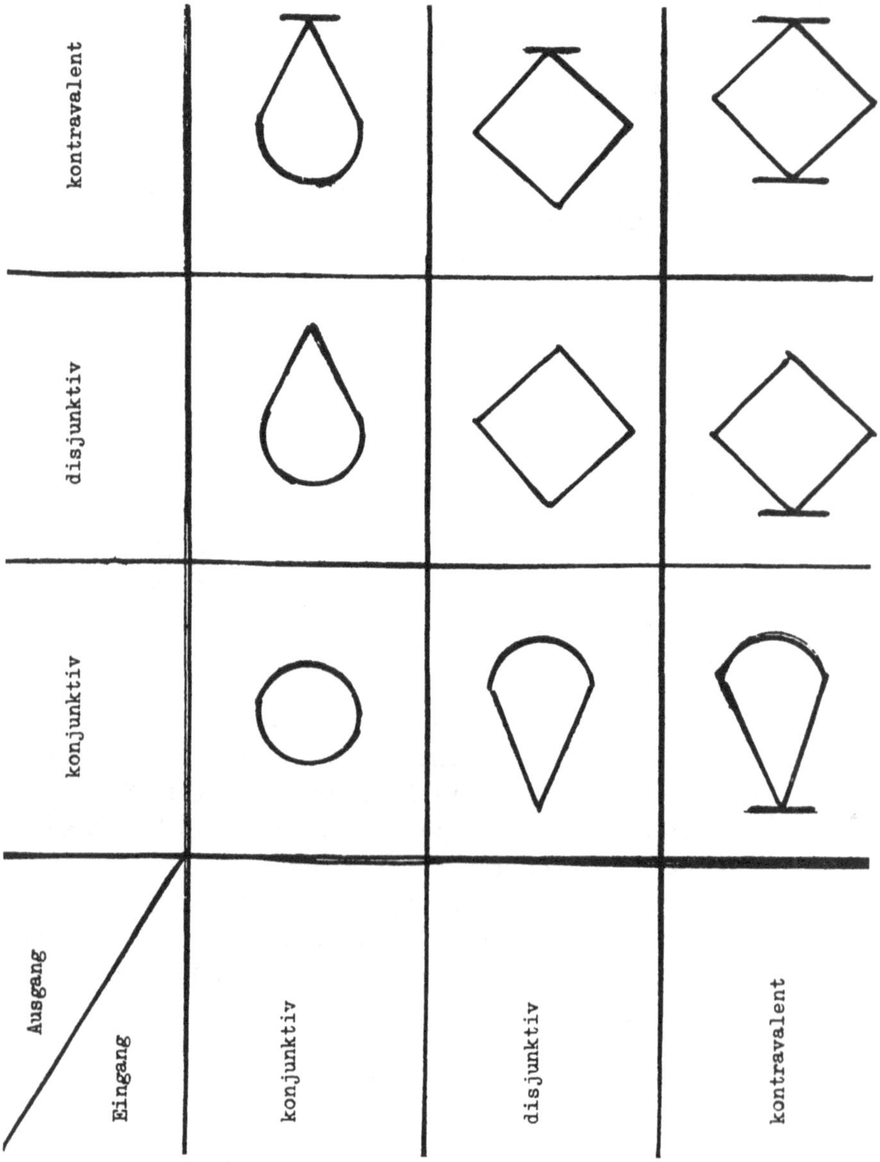
kontravalent
disjunktiv
konjunktiv
Ausgang
Eingang
konjunktiv
disjunktiv
kontravalent

Bei der Konstruktion unseres FE-Netzwerks gehen wir folgendermaßen vor:

1.Schritt: Aufstellung eines Relevanzbaums für das Projekt-Problem P_o.

2.Schritt: Festlegung einer auf kausalen und/oder logischen Abhängigkeiten beruhenden komparativen Zeitordnung ('Teilproblem P_i muß unmittelbar vor Teilproblem P_j gelöst werden')[1] für alle im Relevanzbaum enthaltenen Teilprobleme $P_1, P_2, \ldots, P_n$[2].

3.Schritt: Klassifizierung aller Teilprobleme entsprechend unserer Problem-Typologie (s.S.25).

4.Schritt: a) Jedem Teilproblem werden die üblichen PERT-Parameter (Zeitaufwand, Kosten etc.) zugeordnet.

b) Jeder Lösungsmethode bzw. jedem speziellen Lösungsansatz wird eine Erfolgswahrscheinlichkeit ($\leq$ 1) zugeordnet.

c) Jedem möglichen Ergebnis eines Teilproblems vom Typ 2,5 oder 8 wird eine kleiner-1-Wahrscheinlichkeit (Summe 1) zugeordnet.

5.Schritt: Die komparativ-zeitlich geordnete Menge von Teilproblemen wird als ein zyklenfreier gerichteter Graph interpretiert:

a) Die verschiedenen Problem-Typen werden im Netzwerk-Diagramm entsprechend Tab.4 (S.36-38) unterschiedlich markiert.

---

1) Diese Beziehung könnte man als 'Lösungstransfer-Beziehung' oder auch als 'Input-Output-Beziehung bezüglich der Lösungen zweier Teilprobleme' bezeichnen.

2) Wir halten die Problem-Terminologie für die Planung von FE-Projekten für adäquater als die Aktivitäten-Ereignis-Terminologie.

Tab. 4

	Problem-Typ 1	Problem-Typ 2	Problem-Typ 3
Ergebnisse	Die Bearbeitung des Problems kann nur <u>ein</u> Ergebnis haben (entweder aus logischen Gründen oder auf Grund einer Entscheidung). Das Ergebnis selbst ist a priori nicht bekannt, wohl aber seine methodische Bedeutung für die Lösung anderer Probleme.	Die Bearbeitung des Problems kann aus logischen Gründen oder auf Grund einer Entscheidung nur <u>ein</u> Ergebnis haben. Dieses Ergebnis wird einer von n a priori bekannten Möglichkeit entsprechen.	Die Bearbeitung des Problems kann <u>mehrere</u> Ergebnisse haben, wobei weder die Anzahl noch die möglichen Ergebnisse - wohl aber ihre methodische Bedeutung - bekannt sind.
Methoden	Es gilt als sicher, daß das Problem gelöst wird (entweder durch Anwendung einer bewährten Lösungsmethode oder durch Entscheidung).		

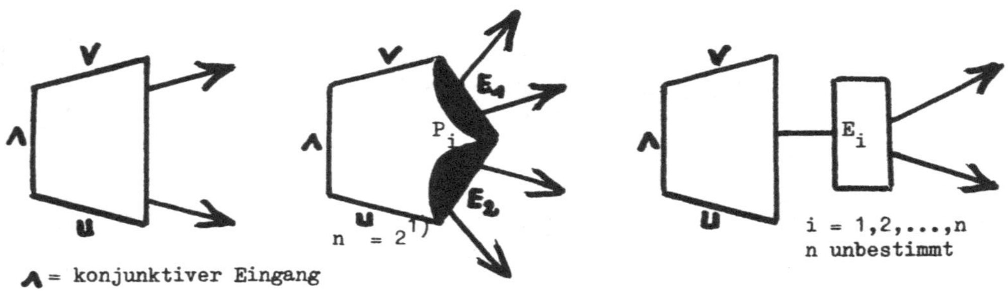

∧ = konjunktiver Eingang
∨ = disjunktiver Eingang
∪ = kontravalenter Eingang

1) Der kontravalente Ausgang hat allgemein n-1 Ecken.

Tab. 4

	Problem-Typ 4	Problem-Typ 5	Problem-Typ 6
Ergebnisse	Die Bearbeitung des Problems kann nur <u>ein</u> Ergebnis haben (entweder aus logischen Gründen oder auf Grund einer Entscheidung). Das Ergebnis selbst ist nicht bekannt, wohl aber seine methodische Bedeutung für die Lösung anderer Probleme.	Die Bearbeitung des Problems kann aus logischen Gründen oder auf Grund einer Entscheidung nur <u>ein</u> Ergebnis haben. Dieses Ergebnis wird einer von a priori bekannten Möglichkeiten entsprechen.	Die Bearbeitung des Problems kann <u>mehrere</u> Ergebnisse haben, wobei weder die Anzahl noch die möglichen Ergebnisse - wohl aber ihre methodische Bedeutung - bekannt sind.
Methoden	Eine bewährte Lösungsmethode ist nicht bekannt, und durch Entscheidung kann das Problem nicht gelöst werden. Es liegt jedoch mindestens ein Lösungsansatz vor. Falls mehrere vorliegen, sollen sie getrennt weiterentwickelt werden. (Zur Veranschaulichung gehen wir hier von nur zwei Lösungsansätzen (LA_1 und LA_2) aus.)		

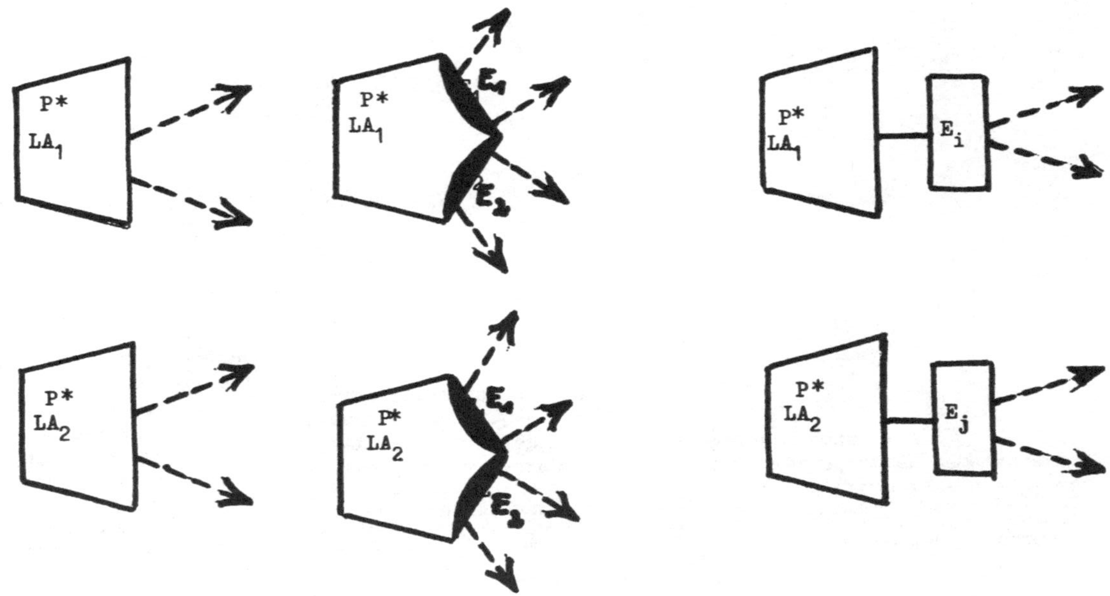

Tab.4

	Problem-Typ 7	Problem-Typ 8	Problem-Typ 9
	Die Bearbeitung des Problems kann nur ein Ergebnis haben (entweder aus logischen Gründen oder auf Grund einer Entscheidung). Das Ergebnis selbst ist a priori nicht bekannt, wohl aber seine methodische Bedeutung für die Lösung anderer Probleme.	Die Bearbeitung des Problems kann aus logischen Gründen* nur ein Ergebnis haben. Dieses Ergebnis wird einer von n a priori bekannten Möglichkeiten entsprechen.	Die Bearbeitung des Problems kann mehrere Ergebnisse haben, wobei weder die Anzahl noch die möglichen Ergebnisse - wohl aber ihre methodischen Bedeutung - bekannt sind.
Methoden	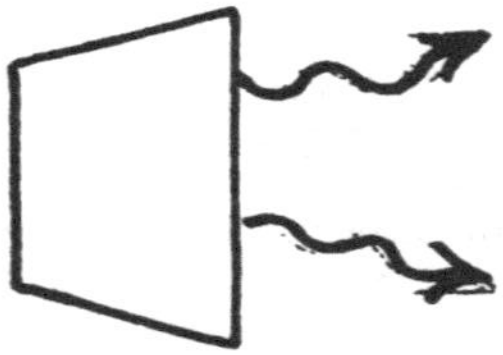		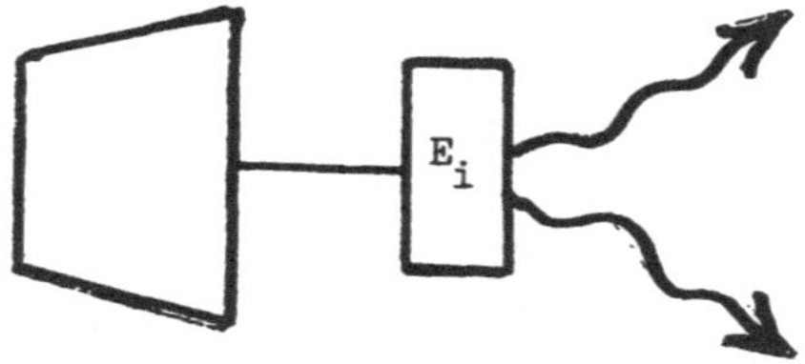

Zur Verfügung stehen nur die allgemeine wissenschaftliche Methodologie und das allgemeine Potential an gesichertem Wissen.

b) Muß ein Teilproblem P_i vom Typ 1,4 oder 7 unmittelbar vor einem Teilproblem P_j gelöst werden, so wird ein durchgezogener bzw. gestrichelter bzw. geschlängelter Pfeil eingeführt, der von P_i entweder in den konjunktiven, den disjunktiven oder den kontravalenten Eingang von P_j führt.

Muß ein bestimmtes mögliches Ergebnis E_{ik} eines Teilproblems P_i vom Typ 2,5 oder 8 vorliegen, bevor unmittelbar mit der Bearbeitung des Teilproblems P_j begonnen werden kann, so wird ein durchgezogener bzw. gestrichelter bzw. geschlängelter Pfeil eingeführt, der von E_{ik} entweder in den konjunktiven, den disjunktiven oder den kontravalenten Eingang von P_j führt.

Muß ein Teilproblem P_i vom Typ 3,6 oder 9 unmittelbar vor einem Teilproblem P_j gelöst werden, so wird ein durchgezogener bzw. gestrichelter bzw. geschlängelter Pfeil eingeführt, der von dem Repräsentativ-Ergebnis E_i entweder in den konjunktiven, den disjunktiven oder den kontravalenten Eingang von P_j führt.

Auf S.40 ist zur Veranschaulichung[1] ein ganz grobes Netzwerk für ein Projekt-Problem vom Typ 7 (etwa:

---

1) Der diagrammatischen Darstellung eines Netzwerks sind natürlich wiederum ziemlich enge Grenzen gesetzt, was natürlich wiederum kein Grund für eine Beschränkung des Systems ist. Denn die kalkulatorische Auswertung durch EDV beginnt wiederum erst dort interessant zu werden, wo eine diagrammatische Darstellung nicht mehr möglich ist.

P_1 = Sammlung grob vorformulierter Vermutungen

P_2 = präzise Formulierung von Hypothesen bzw. Theorien

P_3 = wissenschaftstheoretische, logische und theoretisch-statistische Studien

P_4 = logische Korrekturen

P_5 = logische Prüfung der verschiedenen Theorien

P_6 = Prüfung der Verträglichkeit der neuen Hypothesen bzw. Theorien mit bereits akzeptierten Hypothesen und Theorien, in denen die Variablen x und y eine Rolle spielen

P_7 = Entwicklung weiterer Hypothesen bzw. Theorien

P_8 = Entwurf eines Experimentierplans

P_9 = empirische Prüfung der verschiedenen Hypothesen und Theorien durch Experimente

P_{10} = Entwicklung weiterer Hypothesen bzw. Theorien

P_{11} = Auswahl einer Theorie, mit der bis auf weiteres gearbeitet werden soll

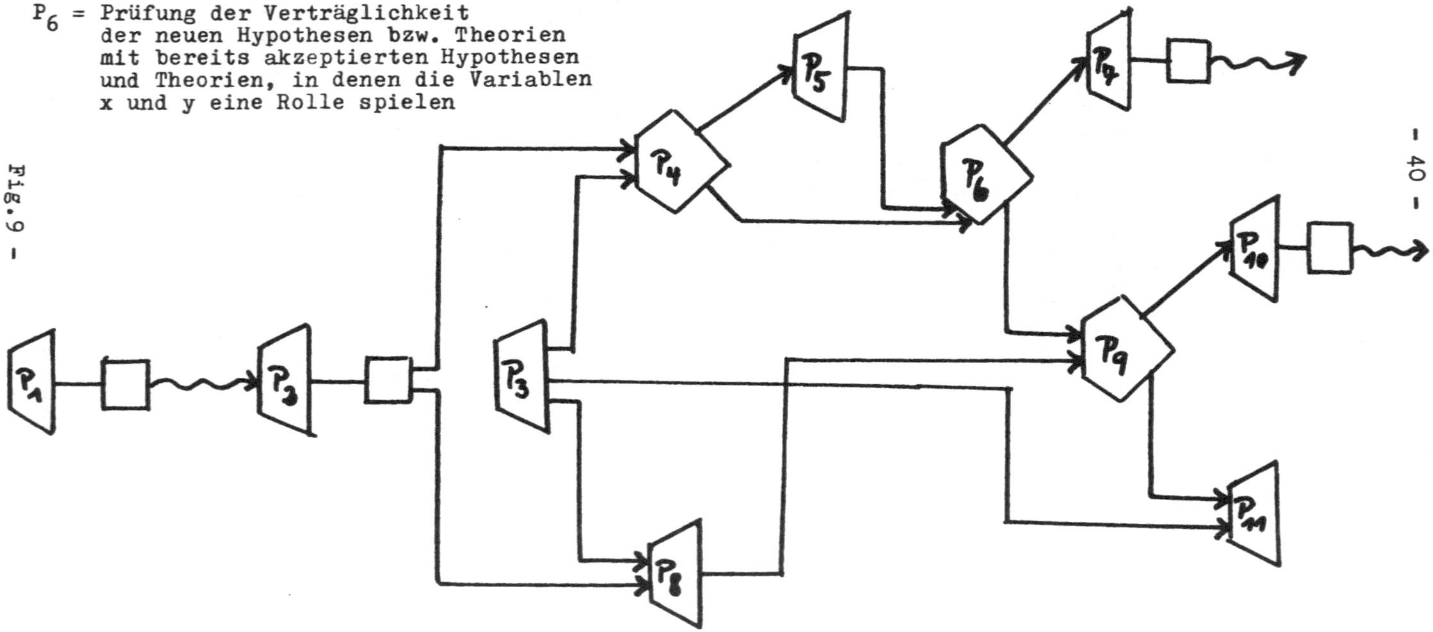

Fig.9 -

'Erklärung der statistisch ermittelten starken positiven Korrelation zwischen den Variablen x und y') dargestellt.

Auch unser Netzwerk bildet wiederum eine Grundlage für alle PERT-Kalkulationen und für die Bestimmung von Wahrscheinlichkeiten für alternative Ergebnisse eines FE-Projekts vom Typ 2,5 oder 8.

(3.3.0) Die Problematik der Datenbeschaffung

(3.3.1) FE-Netzplan

Vieles von dem, was über die Konstruktion eines konkreten Relevanzbaums gesagt wurde, gilt aus denselben Gründen auch für die Konstruktion eines Netzplanes für ein konkretes FE-Projekt.

Obwohl die Wertproblematik bei der Projektplanung keine so gravierende Rolle spielt[1], kann es doch auch hier prinzipiell keine allgemeinverbindliche Regel dafür geben, in welcher Weise ein bestimmtes FE-Projekt-Problem eindeutig in eine zeitlich geordnete Menge von Unterproblemen aufzugliedern ist[2].

Die Netzwerk-Konstruktion kann wiederum nur ein mehrstufiger Suchprozeß[3] sein, für den man allenfalls einige sehr grobe Richtlinien aufstellen kann:

---

1) Natürlich ist auch die Durchführung eines Projekts nicht frei von normativen Elementen. Diese kommen dabei insbesondere bei der Präzisierung des Projekt-Problems und bei der Auswahl bestimmter methodischer Konzeptionen, Hypothesen und Theorien ins Spiel.

2) Die Entwicklung einigermaßen detaillierter Standard-Netze ist - wenn überhaupt - nur in Nicht-FE-Bereichen denkbar.

3) Aus diesem Grunde empfehlen sich für die diagrammatische Darstellung wiederum Magnet-Tafeln.

1) Das Projekt-Problem und alle Unterprobleme sollten möglichst präzise definiert werden.
2) Es sollte unbedingt Klarheit darüber herrschen, auf Grund welcher logischer und/oder kausaler Abhängigkeiten eine bestimmte Zeitordnung eingeführt wird.
3) Es sollte unbedingt darauf geachtet werden, daß alle isomorphen Pfeile dieselbe Bedeutung haben. Will man in einem Netzwerk mehrere Beziehungen darstellen, so müssen sie unbedingt unterschiedlich markiert werden.
4) Es sollte unbedingt Klarheit über die Eigenschaften der dargestellten Beziehungen (z.B. Reflexivitäts-, Symmetrie-, Konnexitätseigenschaften etc.) herrschen.

Die Netzwerk-Konstruktion wird natürlich umso schwieriger sein, je höher bei dem jeweiligen FE-Problem der Grad der Unvollkommenheit der Information ist, also je weniger Vorarbeiten zur Lösung des Problems schon geleistet worden sind.

Die Ursachen dafür, daß verschiedene Forschungsgruppen verschiedene Netze für ein und dasselbe FE-Projekt entwerfen, können in unterschiedlichen allgemein-methodischen Positionen, unterschiedlichen Erfahrungen oder in unterschiedlichen Interpretationen des Projekt-Problems zu finden sein.

(3.3.2) Erfolgswahrscheinlichkeiten, Zeit- und Kostenschätzungen

Von der formal-stochastischen Formulierung der FE-Netzwerk-Konzeptionen - insbesondere der formalen Einführung von Erfolgs- und Ergebniswahrscheinlichkeiten - sollte man nicht allzu viel erwarten, denn empirische Häufigkeitsverteilungen liegen hier prinzipiell nicht vor, und es ist fraglich, ob sich die Anwendung der relativ komplizierten Wahrscheinlichkeitsalgebra auf subjektive Wahrscheinlichkeiten überhaupt lohnt.

Wie jedoch auch immer die Signifikanz von Erfolgs- und Ergebnis- und Zeit- und Kostenschätzungen in einem bestimmten Fall zu beurteilen sein mag, so bleiben doch zumindest die folgenden Vorteile der Aufstellung des 'qualitativen' Netzwerks erhalten:

1) der Zwang zu einem intensiven a-priori-Durchdenken des gesamten FE-Prozesses
2) die a-priori-Identifizierbarkeit kritischer Punkte
3) die Förderung der Kommunikation[1)]
4) die Erleichterung der Koordination bei Arbeitsteilung
5) die Erleichterung der Erfolgskontrolle
6) die Erleichterung der Voraussage alternativ möglicher Ergebnisse eines FE-Projekts
7) die Erleichterung einer Zeit- und Kostenschätzung für die Durchführung eines FE-Projekts.

---

1) Obwohl der Zusammenhang zwischen der Anwendung der Netzplantechnik und der Organisationsstruktur einer Forschungsinstitution äußerst lose ist - weder die Netzplantechnik erfordert notwendig eine bestimmte Organisationsstruktur noch eine bestimmte Organisationsstruktur die Netzplantechnik -, ist doch zu erwarten, daß von der Anwendung der Netzplantechnik eine gewisse Tendenz zur Team-Arbeit ausgehen und daß andererseits gerade die Team-Arbeit durch die Anwendung der Netzplantechnik besonders gefördert werden wird.

Anhang

(1) Wir betrachten die Menge der Eingangspfeile (bzw. der Ausgangspfeile) eines Netzwerkpunktes:

a) Aus der Klasse derjenigen Eingangspfeile (bzw. Ausgangspfeile), die in einer konjunktiven Beziehung stehen, müssen alle realisiert werden.

b) Aus der Klasse derjenigen Eingangspfeile (bzw. Ausgangspfeile), die in einer disjunktiven Beziehung stehen, muß mindestens ein Pfeil realisiert werden.

c) Aus der Klasse derjenigen Eingangspfeile (bzw. Ausgangspfeile), die in einer kontravalenten (oder 'alternativen') Beziehung stehen, muß einer, aber auch nur einer, realisiert werden.

(2) Eine 2-stellige Beziehung xRy heißt

a) 'irreflexiv', wenn x und y nicht identisch sein dürfen,

b) 'asymmetrisch', wenn x und y nicht vertauscht werden dürfen,

c) 'transitiv', wenn für beliebige x und y aus der Menge, über der die Beziehung definiert ist, aus xRy und yRz xRz folgt,

d) 'konnex', wenn für beliebige x und y aus der Menge, über der die Beziehung definiert ist, entweder xRy oder yRx gilt.

FSC
www.fsc.org
MIX
Papier | Fördert
gute Waldnutzung
FSC® C083411

Zeitfracht Medien GmbH
Ferdinand-Jühlke-Straße 7
99095 Erfurt, Deutschland
produktsicherheit@kolibri360.de